Mi mundo y la ciencia: Nivel 1

Cómo funciona el clima

Patricia Armentrout
Traducción de Sophia Barba-Heredia

Un libro de El Semillero de Crabtree

Crabtree Publishing
crabtreebooks.com

Índice

Clima 4
Nubes 6
Viento 14
Climas y estaciones 20
Glosario 23
Índice analítico 23

Clima

Algunos días son nublados y fríos.
Algunos días son soleados y calientes.

Algunos días llueve o nieva.
A esto le llamamos **clima**.

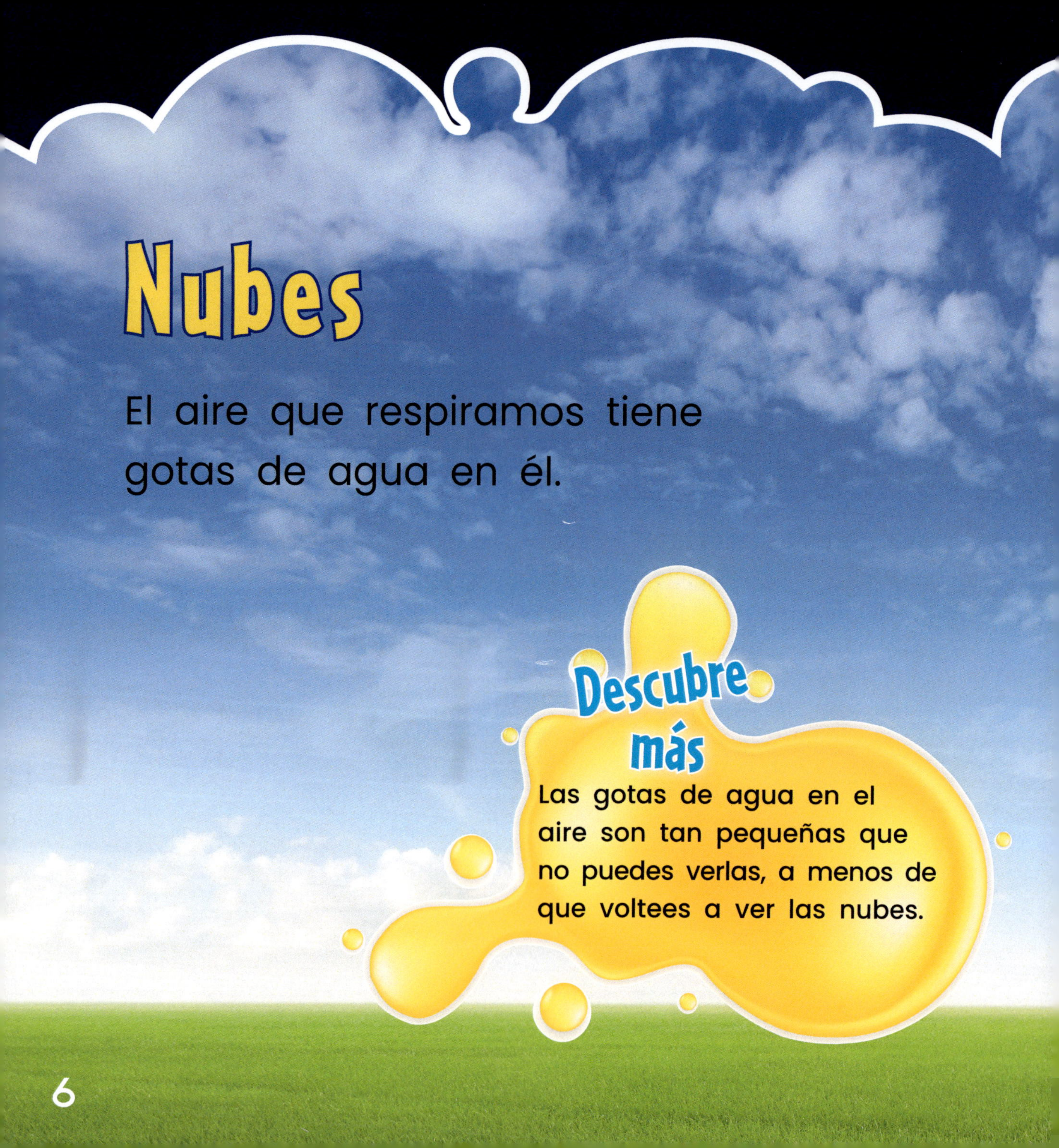

Nubes

El aire que respiramos tiene gotas de agua en él.

Descubre más

Las gotas de agua en el aire son tan pequeñas que no puedes verlas, a menos de que voltees a ver las nubes.

Las nubes se forman cuando el aire caliente se **eleva** y se enfría.

Las nubes pueden ser de diferentes formas y de diferentes colores.

Las nubes blancas y delgadas en lo alto del cielo usualmente significan buen clima.

Más abajo en el cielo cuelgan gruesas y acolchonadas nubes. Esto puede significar que el clima está por cambiar.

Las nubes bajas y
oscuras traen lluvia.

Los **relámpagos** suceden cuando la electricidad se mueve entre las nubes, o entre las nubes y el suelo.

El **trueno** es el fuerte y estruendoso sonido que escuchas después de que el relámpago cae.

Viento

El viento es el aire moviéndose. El viento mueve a las cosas, como a las nubes.

Descubre más

Las nubes en movimiento alteran el clima alrededor del mundo.

Un buen clima algunas
veces trae vientos ligeros.

Un viento ligero se siente bien. Nos mantiene frescos y puede ser divertido.

Los vientos fuertes pueden llegar repentinamente con una tormenta.

Los **huracanes** y los **tornados** crean los vientos más fuertes de la Tierra.

Pueden dañar edificios.

Climas y estaciones

Dividimos el año en cuatro estaciones:

Cada estación tiene distintos climas.

La primavera trae lluvia. El verano es la estación más caliente.

El clima de otoño es fresco. Esto causa que las hojas caigan de los árboles.

El invierno trae nieve y días fríos.

GLOSARIO

clima: Las condiciones del aire exterior día a día.

dividimos: Que separamos en partes.

eleva: Que se mueve hacia arriba.

huracanes: Fuertes vendavales giratorios.

relámpagos: Los resplandores de luz cuando la electricidad se mueve entre las nubes o entre las nubes y la tierra.

tornados: Fuertes columnas de aire giratorias que comienzan como nubes obscuras en forma de embudo.

trueno: El fuerte y estruendoso sonido que viene después de la luz del relámpago.

ÍNDICE ANALÍTICO

estación(es): 20, 21
huracanes: 19
lluvia: 11, 21
nieva(e): 5, 22
nubes: 6–12, 14, 15
relámpago(s): 12, 13
soleados: 4
tornados: 19
trueno: 13
viento(s): 14, 16–19

Apoyos de la escuela a los hogares para cuidadores y maestros

Este libro ayuda a los niños en su desarrollo al permitirles practicar la lectura. Abajo están algunas preguntas guía para ayudar al lector a fortalecer sus habilidades de comprensión. En rojo hay algunas opciones de respuesta.

Antes de leer:

- **¿De qué pienso que tratará este libro?** *Pienso que este libro es sobre cómo funciona el clima. Pienso que este libro es sobre el Sol brillante y los relámpagos.*
- **¿Qué quiero aprender sobre este tema?** *Quiero aprender por qué el clima cambia todos los días. Quiero aprender de dónde viene la lluvia.*

Durante la lectura:

- **Me pregunto por qué...** *Me pregunto por qué el aire que respiramos tiene gotas de agua en él. Me pregunto por qué hay tantos tipos diferentes de nubes.*
- **¿Qué he aprendido hasta ahora?** *Aprendí que las nubes blancas y delgadas en el cielo usualmente significan buen clima. Aprendí que las nubes bajas y oscuras traen lluvia.*

Después de leer:

- **¿Qué detalles aprendí de este tema?** *Aprendí que el trueno es el fuerte y estruendoso sonido que se escucha después de que un relámpago cae. Aprendí que el viento es aire en movimiento que puede mover a las nubes*
- **Lee el libro de nuevo y busca las palabras del glosario.** *Veo la palabra **relámpagos** en la página 12 y la palabra **huracanes** en la página 19. Las demás palabras del vocabulario están en la página 23.*

Crabtree Publishing

crabtreebooks.com 800-387-7650

Print book version produced jointly with Blue Door Education in 2022

Hardcover 978-1-0396-2030-8
Paperback 978-1-0396-2037-7
Ebook (pdf) 978-1-0396-2044-5
Epub 978-1-0396-2051-3
Read-along 978-1-0396-2058-2
Audio book 978-1-0396-2065-0

Printed in Canada/072023/CPC20230726

Library and Archives Canada Cataloguing in Publication
Title: Cómo funciona el clima / Patricia Armentrout ; traducción de Sophia Barba-Heredia.
Other titles: How weather works. Spanish
Names: Armentrout, Patricia, 1960- author. | Barba-Heredia, Sophia, translator.
Description: Series statement: Mi mundo y la ciencia: Nivel 1 | Translation of: How weather works. | Includes index. | "Un libro de el semillero de Crabtree". | Text in Spanish.
Identifiers: Canadiana (print) 20210261218 | Canadiana (ebook) 20210261226 | ISBN 9781039620308 (hardcover) | ISBN 9781039620377 (softcover) | ISBN 9781039620445 (HTML) | ISBN 9781039620513 (EPUB) | ISBN 9781039620582 (read-along ebook)
Subjects: LCSH: Weather—Juvenile literature. | LCSH: Meteorology—Juvenile literature.
Classification: LCC QC981.3 .A7618 2022 | DDC j551.6—dc23

Published in Canada
Crabtree Publishing
616 Welland Avenue
St. Catharines, Ontario
L2M 5V6

Published in the United States
Crabtree Publishing
347 Fifth Avenue
Suite 1402-145
New York, NY 10016

Written by Patricia Armentrout
Translation to Spanish: Sophia Barba-Heredia
Spanish-language layout and proofread: Base Tres

Photo credits: shutterstock.com. Cover - weather icons © Thomas Amby, cover photo © Dmytro Balkhovitin; Title: IgorZh. Page 4/5©GM Vosd, Olga Sapeino; Page 6/7 © Photoongraphy; Page 6/7 © Serg64; Page 8/9 © Austin's Legacy Images; Page 10/11 © Jaros, Piotr Tominicki; Page 12/13 © 2009 fotofriends; Page 14/15 © MilousSK; Page 16/17 © Felix Mizioznikov, Alena Ozerova; Page 18/19 © Oiotr Tominicki, Delmas Lehman, page 19 tornado damage © John Wollwerth; Page 20 © photobank.kiev.ua; Page 21 Miroslav Hlavko, Maresol; Page 22 © Floris Sloof, Lou99; All images from Shutterstock.com

Library of Congress Cataloging-in-Publication Data
Names: Armentrout, Patricia, 1960- author. | Barba-Heredia, Sophia, translator.
Title: Cómo funciona el clima / Patricia Armentrout ; traducción de Sophia Barba-Heredia.
Other titles: How weather works. Spanish
Description: New York, NY : Crabtree Publishing Company, 2022. | Series: Mi mundo y la ciencia: nivel 1 - un libro el semillero de crabtree | Includes index.
Identifiers: LCCN 2021031749 (print) | LCCN 2021031750 (ebook) | ISBN 9781039620308 (hardcover) | ISBN 9781039620377 (paperback) | ISBN 9781039620445 (ebook) | ISBN 9781039620513 (epub) | ISBN 9781039620582
Subjects: LCSH: Weather--Juvenile literature. | Meteorology--Juvenile literature.
Classification: LCC QC981.3 A76518 2022 (print) | LCC QC981.3 (ebook) | DDC 551.6--dc23
LC record available at https://lccn.loc.gov/2021031749
LC ebook record available at https://lccn.loc.gov/2021031750